請貼在第 10 - 11 頁

請貼在第 16 - 17 頁

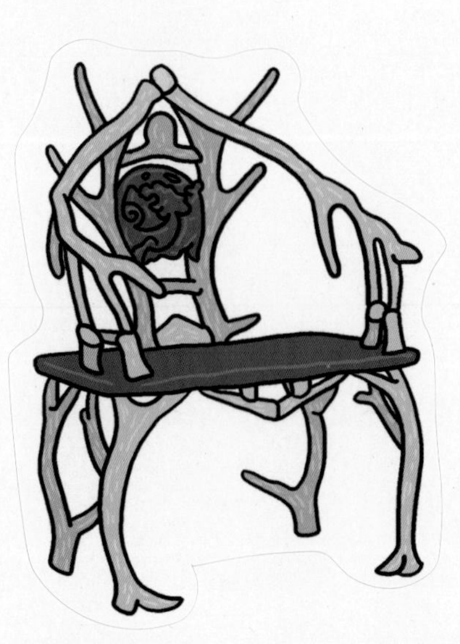

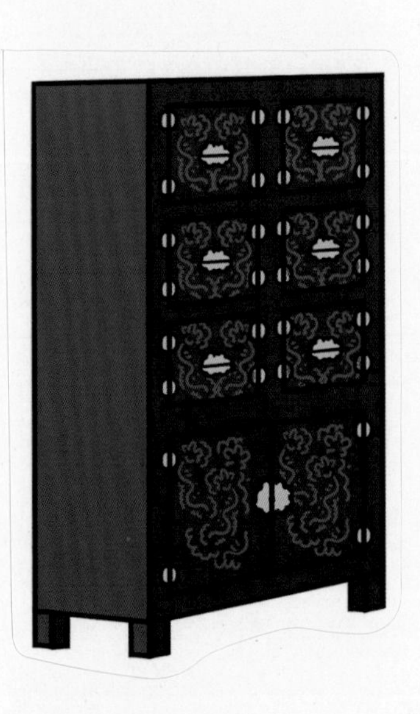

請貼在第 19 頁

請貼在第 21 頁

請貼在第 24 - 25 頁

請貼在第 28 - 29 頁

請貼在「故宮地圖貼貼樂」

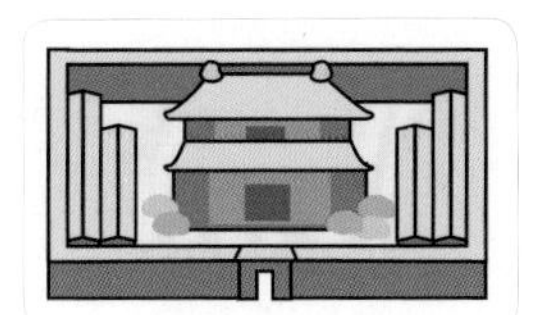

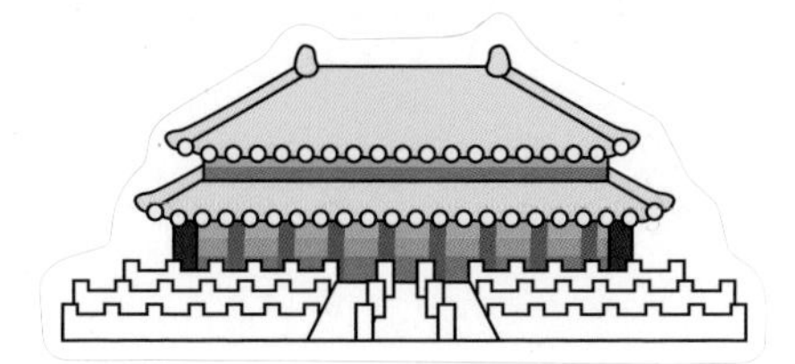

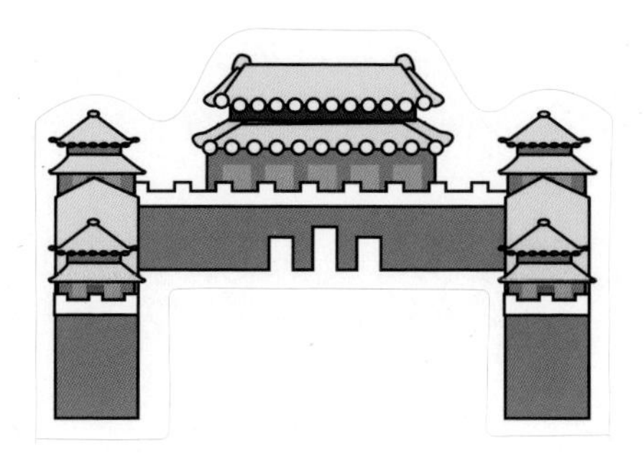

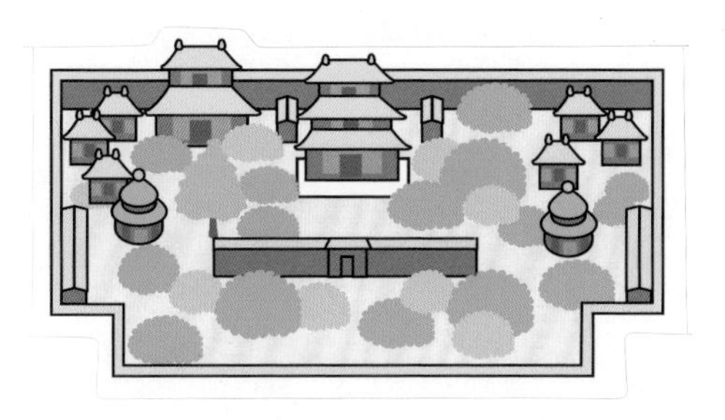

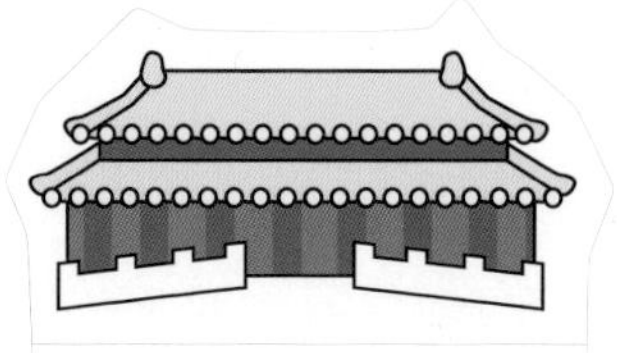

獎勵你，隨意貼

貓小兵故宮樂遊團

知識遊戲書

欣賞建築珍品

新雅編輯室　編　　李成宇　圖

新雅文化事業有限公司
www.sunya.com.hk

目錄

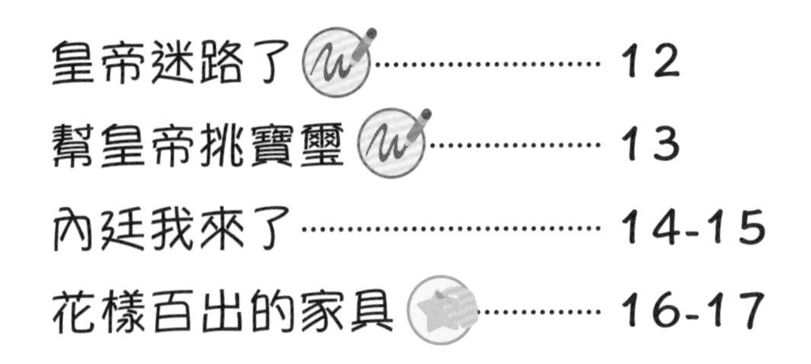

活動圖示：

 貼貼紙  動手寫

小團友，你好！歡迎參加故宮樂遊團，我是你的導賞員**貓小兵**。故宮是中國古代皇帝和他家人（還有我）的家。你想知道皇帝的家是怎樣，還有欣賞宮內的珍貴藏品嗎？那麼快開始行程吧！
貓小兵小檔案
身分：故宮小兵，更熱衷擔任導賞員
特長：由出生起就住在故宮，對故宮的一事一物瞭如指掌，上至宮廷人物，下至建築、珍品，樣樣精通
性格：親切友善，特別黏人，尤其喜歡和小朋友玩耍

故宮我來了

故宮的前世今生

小團友，我們現時身處的故宮，是 1420 年由中國歷史上明朝第三位皇帝明成祖下令建成的。之後，它就成為了明清兩朝 24 位皇帝的皇宮，也就是他和家人工作及居住的地方。直至 1925 年，它才改建成故宮博物館，供遊客參觀。

故宮又名紫禁城

故宮本名紫禁城，這個名字背後藏着一個小故事：相傳統治天界的帝王住在紫微垣，即是古代星宿最中心的位置，而皇帝把自己視作天帝的兒子，於是取了「紫」字。加上，皇帝的家是禁止普通人隨便進出的，所以用了「禁」字，起名為「紫禁城」。

故宮的模樣

偌大寬廣的面積

人人都說故宮非常大，但實際有多大呢？原來故宮佔地面積 72 萬平方米，相當於約 100 個標準足球場那麼大，是世界上現存最大的宮殿式建築物！

井井有條的格局

故宮整體呈長方形，共有 4 座保安森嚴的城門和 9,000 多間房間。故宮由一條中軸線貫穿，宮內最重要的建築都坐落於中軸線上，其他建築則大多對稱分布在這條線的兩旁。

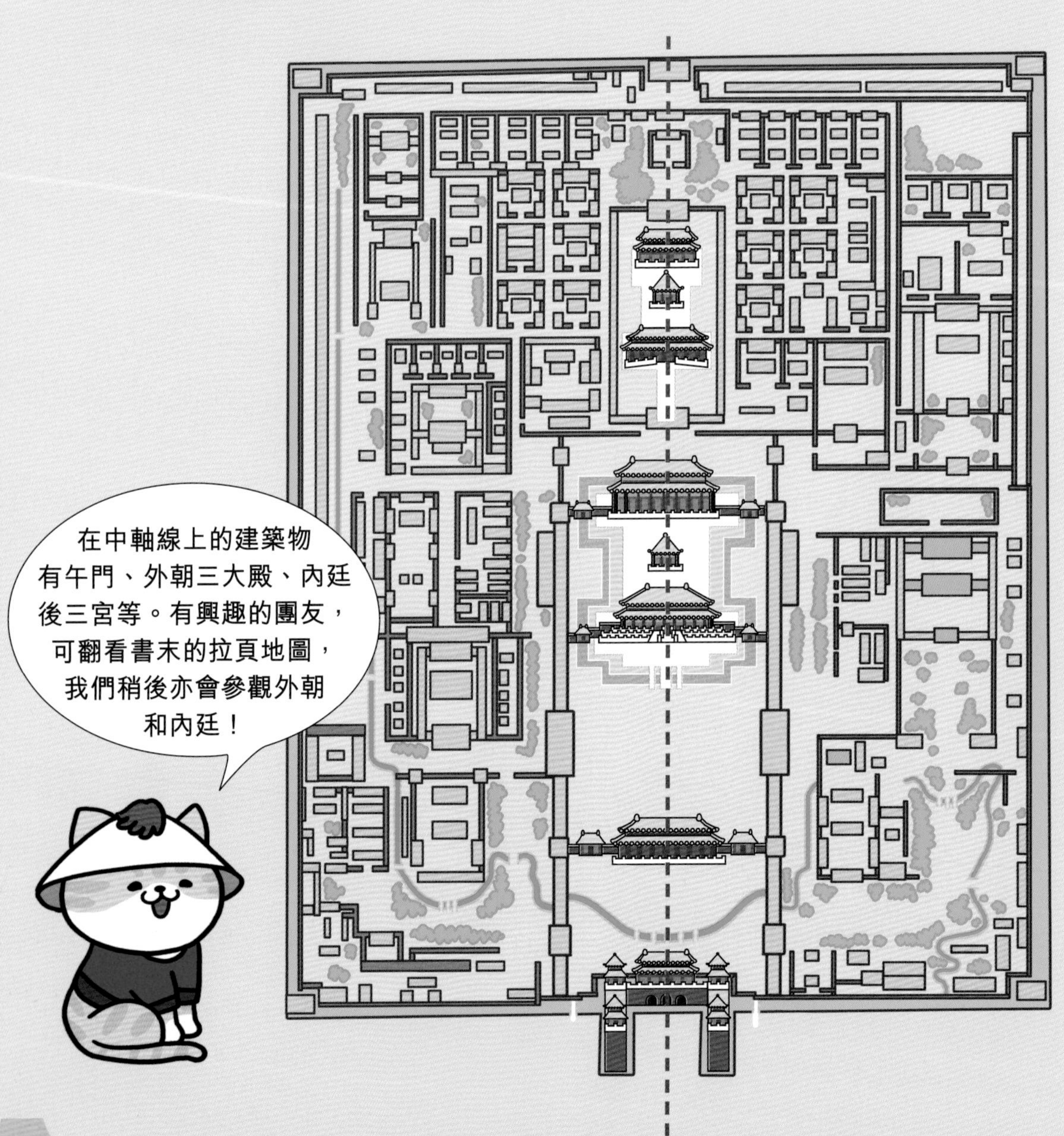
在中軸線上的建築物
有午門、外朝三大殿、內廷
後三宮等。有興趣的團友，
可翻看書末的拉頁地圖，
我們稍後亦會參觀外朝
和內廷！

認識護城河

故宮外圍還有一條河流——護城河，俗稱筒子河，寬 52 米，長約 3,800 米，把故宮方方正正地圍了起來。在古時，護城河發揮特定的功用。以下哪些是護城河的作用？請在 ☐ 內加 ✓。

1. 阻止攻城者進入。☐

2. 供皇帝游泳嬉水。☐

3. 防止動物闖入。☐

4. 供民眾釣魚。☐

5. 為城內提供生活用水。

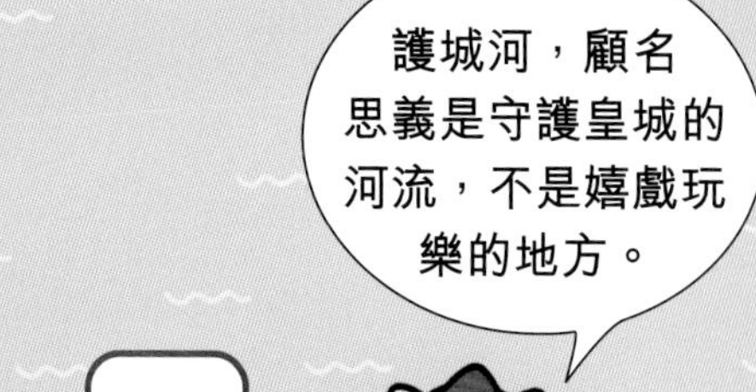

護城河，顧名
思義是守護皇城的
河流，不是嬉戲玩
樂的地方。

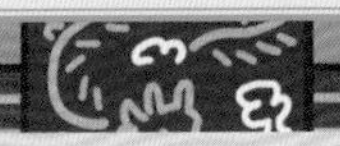

外朝我來了

小團友，我們現在來到外朝的太和殿。太和殿是故宮內等級最高、規模最大的建築物，它和中和殿、保和殿統稱「三大殿」。很多盛大的國家典禮都在這裏舉行，如：皇帝登基、皇帝大婚和冊立皇后。請看看以下 5 張照片，你可以在右頁的太和殿找到相片中的物件嗎？

金鑾寶座

這寶座只供皇帝使用，椅背上有 13 條金龍作裝飾。

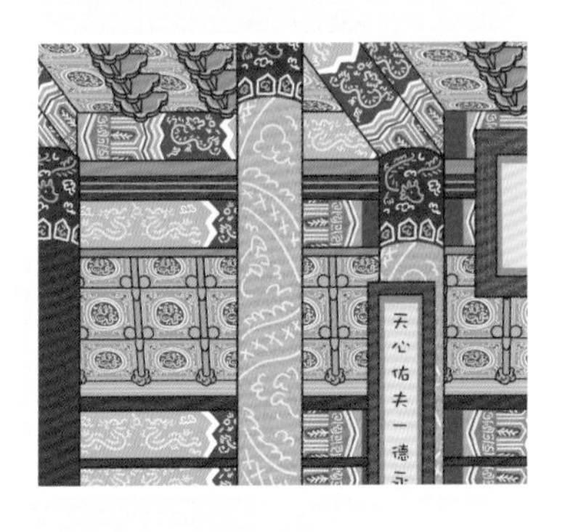

蟠龍金柱

金柱排列在寶座兩側，如百年樹幹般粗壯。

金龍屏風

這個屏風共有 7 扇，架設在寶座後方。

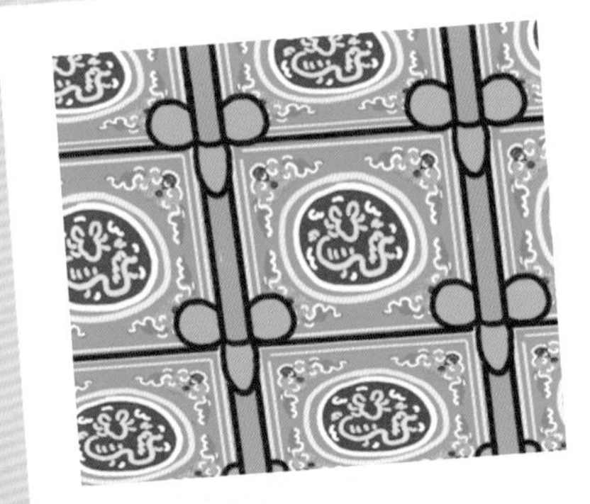

龍鳳天花

外朝建築的天花大多由龍鳳彩繪方格組成。

特色陳設

寶座前兩側放了 4 對陳設——寶象、甪端（甪，粵音錄）、仙鶴和香亭，分別象徵國家安定、吉祥、長壽和江山穩固。

建極綏猷
帝命式于九圍茲惟艱哉奈何弗敬

屋頂上的脊獸

太和殿除了有壯觀的內部結構，屋頂上還有一排排脊獸，各有美好的寓意。這座宮殿的屋頂共安放了 10 隻脊獸。請你根據描述，從貼紙頁選出脊獸貼紙，貼在正確的影子上。

騎鳳仙人
站在屋脊最前位置，作為領導，逢凶化吉。

龍
眾獸之首，既可翱翔天際，又可潛入海底。

鳳
百鳥之王，象徵天下太平。

獅子
形象威武勇猛，可保護故宮安全。

海馬
海中的戰神，能通天入海，象徵祥瑞平安。

天馬
空中的戰神，能日行千里，負責護衛皇帝。

故宮大部分建築物都有脊獸，建築等級越高，脊獸數量越多，而太和殿是脊獸最多的宮殿。
魚
體像龍，有魚的尾，能滅火災。
狻猊（粵音宣危）
外形與猛禽相似，可統率百獸，斬妖除魔。
獬豸（粵音蟹自）
頭上有獨角，智慧聰敏，是公平正義的化身。
鬥牛
長着牛頭，身上卻有魚鱗，能防火鎮邪。
行什
手持金剛杵，長有翅膀，負責防雷。
4
5

故宮很大，建築物又多，即便是住在宮裏的人也可能一時分不清。皇帝不小心迷路了！小團友，請畫出路線，引領皇帝走出迷宮，前往太和殿，參與朝會吧！

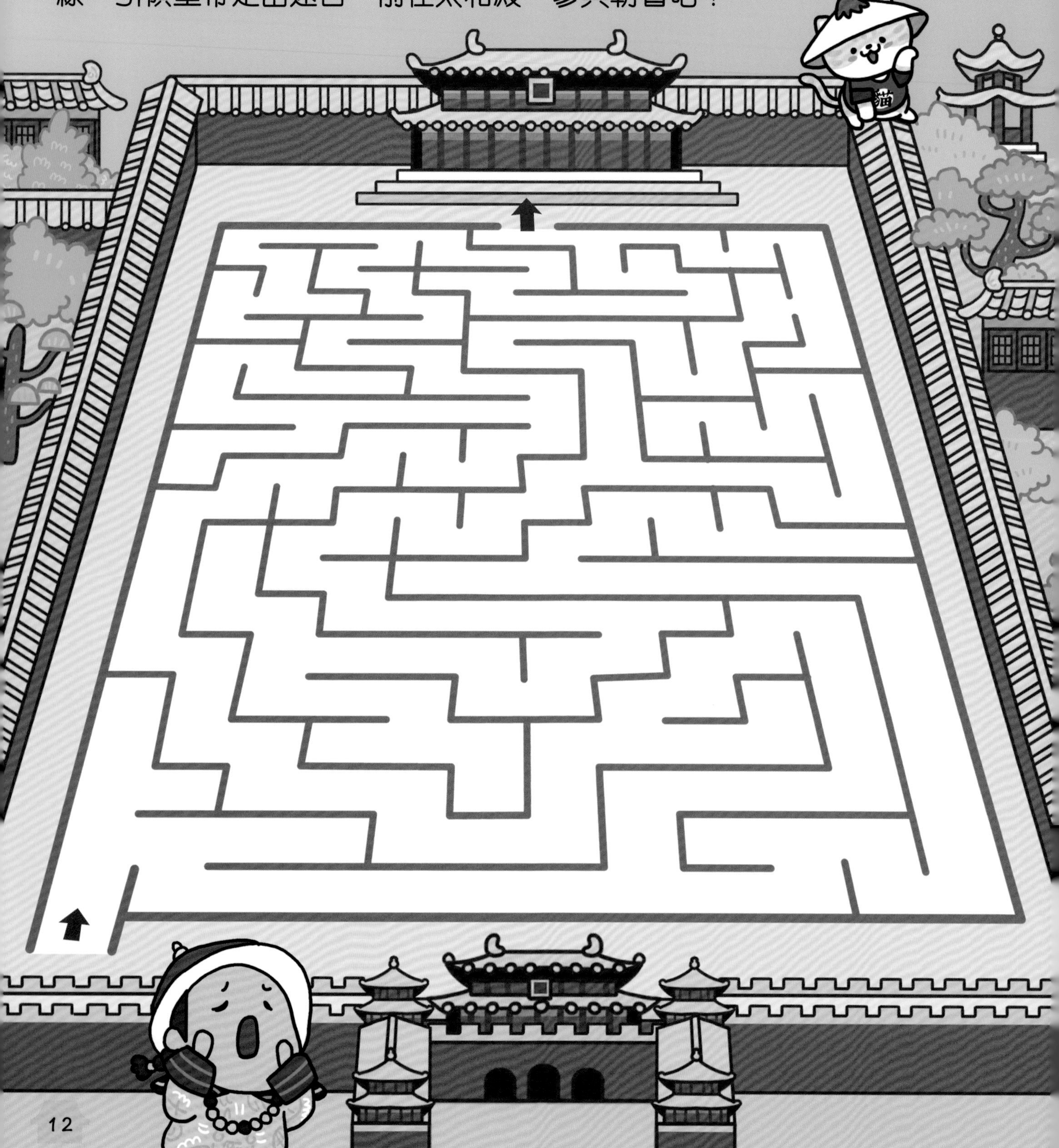

在重要節日，如：元旦和冬至，皇帝都會在太和殿舉行朝會，會見文武官員，接受他們的祝賀。！
貓

幫皇帝挑寶璽

動手做寶璽
小團友，你還可以翻開本書的前後摺頁，跟着指示製作一個屬於你的「皇帝之寶」寶璽啊！

故宮有各式各樣的珍品，當中最重要的是皇帝的傳國之寶——寶璽。寶璽是皇帝工作時用的印章，在清朝共有 25 個，用於不同場合。請你按照以下場景，幫助皇帝揀選合適的寶璽，畫直線把兩者連起來。

1.

命德之寶
用於賞賜忠臣良將。

2.

廣運之寶
用於題寫門上對聯。

3.

皇帝之寶
用於皇帝登基、大婚和冊封皇后。

4.

皇帝信寶
用於徵兵和挑選士兵。

內廷我來了

後三宮是什麼？

小團友，還記得故宮博士提過內廷後三宮嗎？後三宮指乾清宮、交泰殿和坤寧宮，是皇帝和家人居住的地方。這裏設備齊全，為皇帝和皇后等人提供日常生活一切所需。皇帝還會把內廷當作辦公室，一起牀便可工作，非常方便。

皇帝住哪裏？

皇帝和普通人一樣，有固定的住所，不是所有房間都會去住。明朝14位皇帝、清朝順治皇帝和康熙皇帝就以乾清宮為正寢，而養心殿則是清朝雍正皇帝等共8位皇帝的寢室。

養心殿
雍正皇帝因懷念父親康熙皇帝，不忍心破壞他的居所，故遷居至附近的養心殿。自此，他以後的皇帝都住在養心殿。
貓
坤寧宮

皇后住哪裏？

古時候，皇帝和皇后各有專屬的宮殿，並不會住在一起。明朝時期，皇后都住在坤寧宮，但隨着清朝雍正皇帝移居養心殿，之後的皇后也相應遷往內廷四周的東西六宮，坤寧宮從此成為了祭祀的場所。

花樣百出的家具

內廷宮殿的每一件家具都是皇帝的寶物，均由名貴的材料製成，工藝繁多，精緻獨特。小團友，請看看下面的介紹，把相應的家具貼紙貼在適當的方框內。

1. 這是鹿角椅，用鹿角加工而成，告誡後人好好善用騎射的本領。

2. 這是花梨木雕雲龍紋立櫃，高 5 米多，是故宮最高的家具。

3. 這是紫檀雲龍紋屏風，用了上乘的紫檀木材，使屏風堅固穩定，不易裂開。
4. 這是多寶格，是皇帝的玩具箱，雖然它體積小小，但內藏多個機關，可收納幾十件寶物。
5. 這是彩漆描金花卉紋桌，桌面呈葵花形狀，很是典雅瑰麗！

保護故宮藏品

小提醒：
被破壞的地方共有5處。

糟糕了！頑皮的小皇子在皇帝的睡房搗亂！請你看看下面的房間，有哪些地方被破壞了？請把它們通通圈起來。

修補九龍壁

內廷不只有華麗的宮殿，還有很多著名的景觀，當中有為人熟悉的九龍壁。九龍壁位於寧壽宮，是一塊影壁，由 270 塊琉璃拼湊而成，上面有 9 條立體巨龍。工匠正在修理最右邊的兩條巨龍，請你看看本頁下方兩條巨龍缺少了什麼，把相應的部件貼紙貼在適當位置，幫忙修築九龍壁吧！

影壁是一種中國傳統建築的牆壁，用於保護私隱和增加氣勢。

造辦處我來了

圓明園是清朝的皇家園林，供皇帝避暑、聽政、處理軍政事務，在故宮以外約21公里，現今北京市海淀區一帶。

造辦處是什麼？

小團友，造辦處你聽過沒有？造辦處是專門為皇室製造和修理器皿、家具等工藝品的地方。它位於養心殿，後來在圓明園開設分支機構，並在宮內不同地方設立工作房。

工藝品有哪些？

造辦處出產很多精巧別緻的瓷器和玉器，一起來認識以下幾款珍品吧！

青花瓷

青花瓷色澤鮮明，以白底藍花為主，是中華陶瓷工藝珍品。

琺瑯彩瓷

琺瑯彩瓷顏色繽紛，多以黃色、藍色和粉紅色為底色，繪製效果甚具立體感。

玉板指

供皇帝套在拇指上，作拉弓射箭時保護手部的工具。

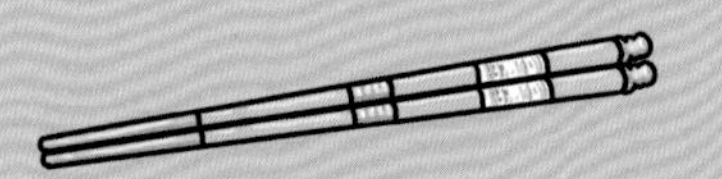

青玉鑲赤金筷

是清朝后妃用的餐具，用青白玉製成，頂端、中部和下方三處鑲了黃金。

製作釉彩大瓶

很多古代皇帝都非常熱愛瓷器，尤其是清朝乾隆皇帝。右邊的釉彩大瓶是乾隆皇帝親自設計的心愛寶物，稱為「各種釉彩大瓶」。小團友，你想嘗試設計屬於自己的瓷器嗎？請你發揮創意，把裝飾貼紙貼在下面的瓷器，你還可以自己畫上圖案，為它裝飾啊！

造鐘處我來了

造鐘處是什麼？

造鐘處是清朝的鐘錶「工廠」，性質與造辦處有些相似，但造鐘處專門製造和修理鐘錶。皇帝出巡和打獵時，造鐘處的工匠也會隨行，以便皇帝隨時隨地使用鐘錶。

鍾情鐘錶的皇帝

西方鐘錶設計雅致，報時精準，傳入中國後，深受歡迎，尤其是皇室家族。當中，乾隆皇帝就是一個不折不扣的「鐘錶迷」，他收集了多達3,000件豪華鐘錶，閒時更會製作心儀的款式！

巨型時鐘

小團友，想看看全故宮體積最大的時鐘嗎？它叫「硬木雕花樓式自鳴鐘」，有5.85米高，約相當於兩層樓的高度，在清朝乾隆年間製造，上一次弦可運行三個晝夜。

這座鐘太高了！太監上弦時，都要從樓梯爬上去才行。

尋找鐘錶

不少皇子也很喜愛鐘錶。皇子傳令太監取出幾件鐘錶珍品，請你按照下面的指示，畫出路線，把沿路的鐘錶圈起來，看看皇子想欣賞哪些藏品吧！

請你：向前走 3 格 → 向右走 2 格 → 向左走 1 格→
向右走 2 格 → 向右走 2 格 → 向左格 1 格→
最後以最快方法到達終點。

起點

銅鍍金飾瑪瑙
望遠鏡式鐘

銅鍍金滾鐘

銅鍍金冠架鐘

銅鍍金珐瑯
轉鴨荷花缸鐘

銅鍍金嵌珠緣畫
珐瑯懷錶

鍍金嵌料石迎手鐘

終點

絕密兵器庫

在古代，戰爭頻繁發生。皇帝除了要有精鋭的軍隊，還要有絕世的兵器，才能保護國家抵抗外敵。因此，故宮有一個大型的兵器庫，裏面藏着當時中國最厲害的兵器。

請你根據下面的文字，把相應的著名兵器貼紙貼在皇帝和將士們的手上。

2. 給我偃月刀！它主要用於日常操練和武舉考試。

1. 給我神鋒寶劍！它是御用寶劍中最奢華的，象徵身分和權力。

其他著名的兵器
還包括天字一號動龍
刀、火繩槍、武成永
固大將軍炮等等……

兵器的種類

古代的兵器主要分為四大類，分別是刀、槍、劍、炮，它們各有特色和用途。

4. 給我銅帽槍！它的火門是全封閉的，能防風防雨，就算外面下雨仍能使用。
3. 給我飛虎斧！它的雙面刻有飛虎，刀刃薄而銳利。

書房我來了

故宮書房真的多

故宮有 40 多間書房，皇帝會把深愛的書畫珍品收藏在內，以便隨時拿出來欣賞。除了藏書和看書外，皇帝還會在書房商談、處理政務等。

皇家藏書庫

故宮最大的藏書庫是文淵閣，皇帝平日會來這裏看書和學習。文淵閣不只接待皇帝，官員也可前來看書，不過要預先得到皇帝的批准。

皇帝最愛三希堂

三希堂是乾隆皇帝最喜歡的書房，因收藏了王羲之的《快雪時晴帖》、王獻之的《中秋帖》和王珣的《伯遠帖》三件稀世珍品而得名。

王羲之是王獻之的爸爸，亦是王珣的叔叔，他們都是中國晉朝很有名的書法家。

快取書畫藏品

皇帝會經常觀賞書畫珍品，並吩咐太監逐一拿來。請你完成下面的「畫鬼腳」遊戲，幫助太監們儘快取出珍品給皇帝欣賞，把他們的名字填在相應的橫線內。

「畫鬼腳」玩法：
跟着路線起點由上而下走，遇到橫線則沿着橫線走到隔壁的縱線，便會找到答案！

大太監

二太監

三太監

海錯圖

清朝聶璜繪製的海洋生物圖譜，記錄了300多種海洋生物的外貌、特點等。

五牛圖

唐朝畫家韓滉光畫的五頭牛，獲後世評為「鎮國之寶」。

快雪時晴帖

王羲之的墨寶，是一封大雪之後向友人問候的書信。

1. ______________

2. ______________

3. ______________

美麗的御花園

御花園是故宮裏最漂亮的地方之一。這裏山水植物林立，亭台樓閣坐落其中，供皇帝和他的家人散心、頤養和賞花，每年的重陽登高和中秋賞月也在此舉行。請你從貼紙頁選出貼紙貼在下面的適當位置，為御花園布置一下吧！

御花園著名景觀

堆秀山

為宮內最大的石景。

浮碧亭

建於明朝，亭頂由綠黃色琉璃瓦磚鋪建，亭內天花為百花圖案。

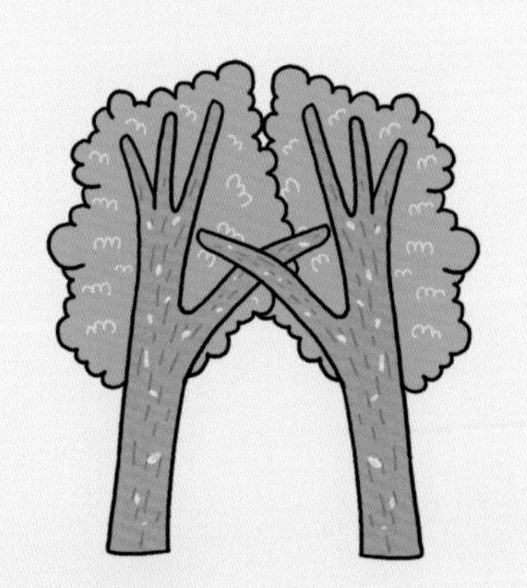

連理柏

這兩棵柏樹的樹枝生長時纏在一起，象徵夫妻之間的愛情。

小團友，你認識了這麼多故宮的建築和珍品，它們都很壯麗別致吧？如果你想了解更多故宮的知識，請翻閱《貓小兵故宮樂遊團知識遊戲書——認識宮廷人物》，我會介紹你認識在這裏生活和工作的不同人物！
再見～喵～
貓

第7頁

1. ✓ 2. ☐ 3. ✓ 4. ☐ 5. ✓

第10-11頁

1. 
2.
3. 
4. 
5.

第12頁

第13頁

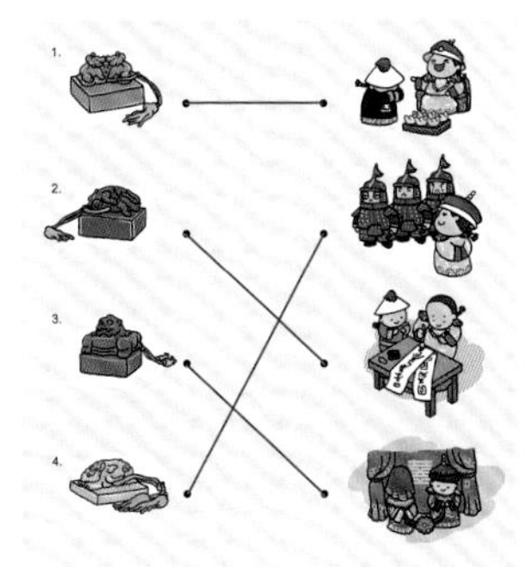

第16-17頁

1. 
2. 
3. 
4.   
5. 

第18頁

第19頁

第23頁

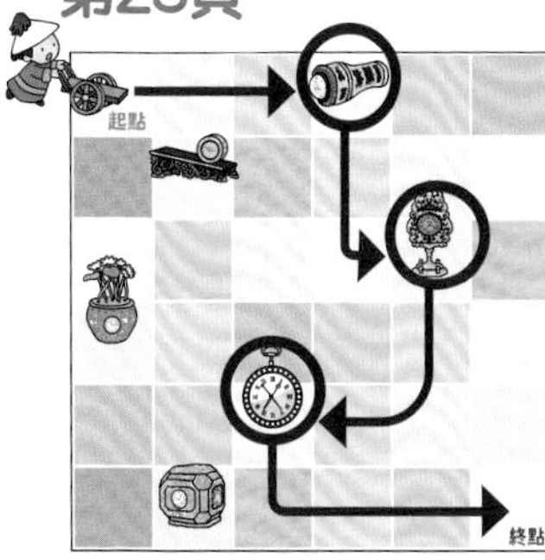

第24-25頁

第27頁

1. 三太監 2. 二太監 3. 大太監

故宮地圖貼貼樂

1. 
2.
3.
4. 
5. 
6. 

貓小兵故宮樂遊團知識遊戲書

欣賞建築珍品

編　　寫：新雅編輯室
繪　　圖：李成宇
責任編輯：黃稔茵
美術設計：李成宇、劉麗萍
出　　版：新雅文化事業有限公司
香港英皇道 499 號北角工業大廈 18 樓
電話：(852) 2138 7998
傳真：(852) 2597 4003
網址：http://www.sunya.com.hk
電郵：marketing@sunya.com.hk
發　　行：香港聯合書刊物流有限公司
香港新界大埔汀麗路 36 號中華商務印刷大廈 3 字樓
電話：(852) 2150 2100
傳真：(852) 2407 3062
電郵：info@suplogistics.com.hk
印　　刷：中華商務彩色印刷有限公司
香港新界大埔汀麗路 36 號
版　　次：二〇二二年七月初版

ISBN: 978-962-08-8027-8

18/F, North Point Industrial Building, 499 King's Road, Hong Kong
Published in Hong Kong, China
Printed in China

快來翻開這個拉頁，看看故宮的地圖，認識宮殿等建築物的所在位置吧！喵！
貓